# OLAS CRECIENTES

## Revelando las crónicas del terremoto de Japón

Un viaje basado en datos a los temblores, la tragedia y los triunfos de la Tierra

DE GIST LOVERS

# Tabla de contenido

# *Introducción*

En las primeras horas del primer día del año 2024, Japón se vio sumido en una terrible experiencia sísmica. Una serie de poderosos terremotos, originados en el Mar de Japón frente a la costa de Ishikawa y las prefecturas vecinas, sacudieron a la nación hasta lo más profundo. Los temblores, que alcanzaron una magnitud máxima de 7,6, fueron un crudo recordatorio de la vulnerabilidad geográfica a la que históricamente ha tenido que enfrentarse Japón.

Esta saga sísmica se desarrolló poco después de las 4 pm hora local (7 am hora del Reino Unido), tomando por sorpresa tanto a los residentes como a las autoridades. La prefectura de Ishikawa, situada en el centro de la costa occidental de Japón, se convirtió en el epicentro de este desconcertante suceso. Con su costa de 581 kilómetros bordeada por el Mar de Japón, Ishikawa no es ajena a los temblores que periódicamente visitan la región. Sin embargo, el último episodio resultó ser un desafío formidable y dejó a la prefectura lidiando con las consecuencias.

Mientras la nación celebraba el nuevo año, miles de residentes se vieron abruptamente empujados a un estado de urgencia. Las advertencias de tsunami inicialmente provocaron conmociones en las comunidades costeras, lo que provocó rápidos esfuerzos de evacuación. La nación entera estaba al borde de un desastre potencial, esperando ansiosamente actualizaciones de la Agencia Meteorológica de Japón.

A raíz de esta catástrofe imprevista, la narrativa que se desarrolló pintó un panorama desgarrador: edificios derrumbándose, un número de muertos en aumento y un paisaje marcado por la fuerza implacable de la naturaleza. Posteriormente se produjeron incendios y deslizamientos de tierra agravaron aún más los desafíos que enfrentaron tanto los residentes como los servicios de emergencia.

El impacto de los terremotos no se limitó a las estructuras físicas; resonó en la psique colectiva de la nación. La fragilidad de la vida, la resiliencia de las comunidades y el espíritu indomable del pueblo japonés ocuparon un lugar central en el drama que se desarrollaba. Mientras el mundo observaba, Japón se enfrentaba a una tarea de enormes proporciones: navegar a través del caos, llorar las vidas perdidas y reconstruirse en medio de las réplicas que persistían en el aire.

## La importancia de la actividad sísmica en la región

Ubicado dentro del Anillo de Fuego del Pacífico, Japón es un testimonio del poder bruto de las actividades sísmicas. Esta zona en forma de herradura, caracterizada por una alta actividad sísmica y volcánica, abarca el Océano Pacífico y alberga algunas de las áreas geológicamente más dinámicas de la Tierra. Para Japón, situado en la convergencia de cuatro placas tectónicas principales (las placas del Pacífico, el Mar de Filipinas, Euroasiática y América del Norte), las actividades sísmicas no son meros eventos geológicos sino más bien una parte integral de su complejo paisaje.

La importancia de las actividades sísmicas en la región surge de la intrincada danza de estas placas tectónicas debajo de la superficie de la Tierra. La constante interacción y colisión de estas placas crea una inmensa presión, lo que lleva a la liberación de energía en forma de terremotos. Este fenómeno geológico, si bien representa una amenaza constante, también ha dado forma a la topografía y la identidad cultural de Japón durante siglos.

En Japón, los terremotos no son sólo perturbaciones ocasionales; son parte de la conciencia nacional. El contexto histórico es rico en eventos sísmicos que han dejado una huella imborrable en la nación. Desde el devastador Gran Terremoto de Kanto de 1923 hasta los horrores más recientes del terremoto y tsunami de Tohoku de 2011, Japón ha enfrentado el desafío implacable de reconciliar su existencia con las fuerzas impredecibles bajo sus pies.

El significado se extiende más allá de la fascinación geológica; impregna todos los aspectos de la vida. La resistencia arquitectónica de los edificios japoneses, los estrictos códigos de construcción y un sistema de alerta temprana incomparable son reflejos de una sociedad profundamente en sintonía con el ritmo sísmico de su entorno. Las actividades sísmicas, si bien plantean amenazas, también han catalizado avances en la preparación para terremotos, convirtiendo a Japón en un líder mundial en resiliencia ante desastres.

A medida que "Rising Waves" se adentra en el corazón de la narrativa sísmica de Japón, desentraña no sólo las implicaciones geológicas sino también la profunda resonancia cultural y social de vivir en una región donde el suelo debajo está en perpetuo movimiento. Este significado, arraigado en la memoria colectiva de la nación, añade capas de complejidad al drama que se está desarrollando tras los recientes terremotos en Ishikawa. Los terremotos no son acontecimientos aislados, sino hilos entretejidos en el tapiz más amplio de la saga sísmica de Japón, una saga que continúa dando forma a su destino.

A raíz de los recientes terremotos que sacudieron Japón hasta lo más profundo, surge una oportunidad única: la oportunidad de profundizar en los eventos sísmicos con una lente basada en datos. "Rising Waves" prepara el escenario para una exploración que trasciende las narrativas de tragedia y resiliencia, aventurándose en el ámbito del análisis y las ideas.

Mientras la nación lidia con las consecuencias inmediatas, los datos se convierten en un faro de comprensión en medio del caos. Más allá de los titulares y los relatos emocionales, hay una gran cantidad de información esperando a ser descifrada. La actividad sísmica, capturada en magnitudes numéricas, coordenadas geográficas y patrones históricos, cuenta una historia propia. Esta exploración basada en datos busca desentrañar los misterios ocultos dentro de la tierra temblorosa.

Los datos sísmicos, a menudo relegados a informes científicos, ocupan un lugar central en "Rising Waves". Se convierte en protagonista por derecho propio, guiando a los lectores a través de las complejidades de la tectónica de placas, las fallas y los matices geológicos que prepararon el escenario para los recientes terremotos. A través de esta exploración, se invita a los lectores a presenciar el rompecabezas sísmico, a comprender los patrones que preceden a tales eventos y a apreciar el intrincado ballet de fuerzas debajo de la superficie de la Tierra.

Pero los datos no se detienen en lo geológico; se extiende a las respuestas humanas, la preparación para emergencias y la eficacia de los sistemas de alerta. Analizar los cronogramas de evacuación, el impacto en las diferentes regiones y la efectividad de las estrategias de respuesta se convierte en una parte crucial de la narrativa. A medida que se desarrolla la historia, a los lectores se les presenta una visión integral: una síntesis de la experiencia humana y la precisión numérica.

"Rising Waves" se encuentra en la intersección de la narración y el análisis, donde cada dato contribuye a una comprensión más profunda de los eventos sísmicos. El escenario está preparado no sólo para un recuento de los acontecimientos sino también para una exploración que esclarezca, eduque y empodere. Es un viaje guiado por datos, donde los números se convierten en narradores y los análisis se convierten en una hoja de ruta a través del laberinto sísmico que navega Japón con cada temblor que pasa.

# *Capítulo 1:*

## Preludio al desastre

## Contexto histórico de los terremotos en Japón

La historia de Japón está marcada por las huellas sísmicas de su volátil entorno geológico. Para comprender los terremotos recientes, hay que profundizar en el contexto histórico, donde los ecos de temblores pasados resuenan a través del tiempo, dando forma a la resiliencia y preparación de la nación.

La saga sísmica en Japón tiene sus raíces en el devastador Gran Terremoto de Kanto de 1923. Con una magnitud de 7,9, dejó Tokio y sus alrededores en ruinas. El precio no fue sólo en vidas perdidas sino en el profundo impacto en la planificación urbana, la arquitectura y la respuesta a los desastres.

La ciudad de Kobe se convirtió en sinónimo de resiliencia tras el terremoto de 1995. Con una magnitud de 6,9, desató destrucción y se cobró más de 6.000 vidas. Sin embargo, las consecuencias provocaron un cambio de paradigma en la preparación para terremotos, lo que influyó en los códigos de construcción y la respuesta de emergencia en todo el país.

El terremoto y tsunami de Tohoku de 2011, con una asombrosa magnitud de 9,0, es uno de los más poderosos jamás registrados. La devastación puso de relieve la vulnerabilidad de las regiones costeras, pero también mostró la eficacia de los sistemas de alerta temprana y la preparación comunitaria de Japón.

La ubicación de Japón dentro del Anillo de Fuego del Pacífico amplifica su vulnerabilidad sísmica. Las constantes interacciones de las placas tectónicas generan una sinfonía de actividad sísmica, donde la danza ondulante debajo de la corteza terrestre crea belleza y caos.

La subducción de la Placa del Pacífico debajo de las Placas de América del Norte, del Mar de Filipinas y de Eurasia crea una compleja red de fallas. El ballet sísmico implica temblores frecuentes mientras estas placas luchan por el espacio, preparando el escenario tanto para terremotos moderados como para eventos catastróficos.

Las cicatrices sísmicas históricas llevaron a Japón a ser pionero en la arquitectura resistente a los terremotos. Desde cimientos flexibles hasta amortiguadores, los edificios del país son un testimonio del ingenio de la ingeniería, en continua evolución para resistir los implacables temblores.

Más allá de las estructuras, Japón ha invertido en la preparación de la comunidad. Los simulacros periódicos, la educación sobre los procedimientos de evacuación y una cultura que valora la seguridad colectiva contribuyen a una sociedad preparada para afrontar los desafíos sísmicos que se le presenten.

Los terremotos han permeado la psique cultural de Japón. Desde el folclore hasta el arte, los eventos sísmicos encuentran expresión en innumerables formas. La conciencia de vivir en tierras sísmicamente activas no es sólo científica sino que está profundamente entretejida en la estructura de la vida diaria.

La historia sísmica de Japón es una narrativa aún en proceso de elaboración. Cada temblor, una página de una crónica que da testimonio de la resistencia, la adaptabilidad y el compromiso inquebrantable de la nación de aprender de los ecos de su pasado sísmico.

"Rising Waves" se desarrolla en este contexto, donde el contexto histórico se convierte en más que un mero prólogo; se convierte en la base misma sobre la que se sostiene Japón al enfrentar las incertidumbres sísmicas del presente y el futuro.

## El terremoto de mayo de 2023 en Ishikawa

En medio del tapiz sísmico de la historia de Japón, en mayo de 2023 se añadió una nota conmovedora cuando Ishikawa, la misma región que ahora enfrenta los recientes terremotos, experimentó su propio temblor. Este preludio sísmico, aunque no tan formidable como los recientes acontecimientos, presagiaba la vulnerabilidad de la zona.

Con una magnitud de 6,5, el terremoto de mayo de 2023 sirvió como un suave recordatorio de las fuerzas inquietas bajo la superficie de Ishikawa. Aunque no causó una devastación generalizada, se cobró al menos una vida, lo que subraya la susceptibilidad de la región a los fenómenos sísmicos.

Tras el terremoto de mayo de 2023, Ishikawa tomó medidas para fortalecer su resiliencia. El evento provocó una reevaluación de las estrategias de respuesta a emergencias, las estructuras de construcción y la preparación de la comunidad, mientras la región se preparaba para la posibilidad de una actividad sísmica más intensa en el futuro.

El terremoto de mayo de 2023 se convirtió en una valiosa lección en la educación sísmica continua de Ishikawa. Los conocimientos adquiridos a partir de este evento contribuyeron a la capacidad de la región para responder de manera más efectiva ante los recientes terremotos más poderosos. Los ecos del pasado guiaron la respuesta presente.

Si bien el terremoto de mayo de 2023 puede haber sido un mero temblor en comparación con los acontecimientos recientes, arrojó una sombra de anticipación sobre Ishikawa. La experiencia de la región con la actividad sísmica se convirtió en un prólogo crucial para la narrativa que se desarrolla de "Rising Waves", mientras lidia una vez más con las incertidumbres sísmicas que definen su existencia.

# La geografía de Ishikawa y su susceptibilidad a los terremotos.

Ubicada a lo largo de la costa occidental de Japón, Ishikawa se despliega como una región a la vez bendecida y agobiada por su ubicación geográfica. Con una costa que se extiende a lo largo de 581 kilómetros a lo largo del Mar de Japón, su atractivo reside en la belleza marítima que define sus fronteras.

El Mar de Japón, si bien ofrece vistas impresionantes, también introduce un elemento precario. Ishikawa se encuentra en medio de complejidades tectónicas, donde convergen las placas del Pacífico, el Mar de Filipinas y Eurasia. Esta colisión da como resultado la creación de fallas, preparando el escenario para las actividades sísmicas que marcan la historia de la región.

Los acontecimientos recientes hacen eco de las complejidades tectónicas bajo la superficie de Ishikawa. Los terremotos recientes, aunque sacudidos, son parte de un rompecabezas sísmico: una manifestación impredecible del delicado equilibrio que mantiene la región.

En los pueblos y ciudades que salpican el paisaje de Ishikawa, la incertidumbre sísmica está entretejida en el tejido de la vida diaria. Desde la extensión urbana de Kanazawa hasta las comunidades costeras que bordean el Mar de Japón, cada rincón de Ishikawa es testigo de la doble narrativa de belleza y vulnerabilidad.

Sin embargo, Ishikawa se mantiene resistente. Generaciones moldeadas por la coexistencia sísmica han cultivado un espíritu de preparación. Las innovaciones arquitectónicas, los simulacros comunitarios y una comprensión colectiva del ritmo sísmico permiten a Ishikawa enfrentar las incertidumbres que presenta la Tierra.

# *Capitulo 2:*

## La tragedia que se desarrolla

## Relato detallado de la serie de terremotos.

Una serie de grandes terremotos originados en el Mar de Japón frente a la costa de Ishikawa, el más grande registró una magnitud de 7,6, resonaron en la región, preparando el escenario para una noche de incertidumbre y caos.

La Agencia Meteorológica de Japón informó de los temblores iniciales poco después de las 4 de la tarde, hora local, lo que provocó ondas de choque en Ishikawa y las prefecturas vecinas. La región, que no es ajena a la actividad sísmica, volvió a ser el centro de atención. La prefectura de Ishikawa, situada en el centro de la costa occidental de Japón, se convirtió en el epicentro de un drama que se apoderaría de la nación.

Las advertencias de tsunami aparecieron en las pantallas, lo que provocó evacuaciones inmediatas mientras las comunidades costeras se preparaban para la posibilidad de olas imponentes. El temor inicial de un tsunami catastrófico se transformó gradualmente en una advertencia más manejable, pero la amenaza persistente cobraba gran importancia. A medida que avanzaba la noche, una compleja serie de acontecimientos pintaron un vívido cuadro del caos sísmico que se apoderó de Ishikawa.

El costo humano se hizo evidente con cada actualización. Los informes de edificios derrumbados, muertes trágicas y los valientes esfuerzos de los bomberos que lucharon con al menos 30 estructuras derrumbadas subrayaron la gravedad de la situación. Un hombre perdió la vida cuando un edificio se derrumbó en la ciudad de Shika, un claro recordatorio de la devastación física provocada por las fuerzas sísmicas.

El paisaje mostraba las cicatrices de los terremotos. Una carretera en el oeste de Japón quedó intransitable debido a deslizamientos de tierra y derrumbes. Las imágenes capturadas desde un avión revelaron un incendio devastador en la ciudad de Ishikawa, donde salía humo de los edificios envueltos en llamas. Las consecuencias revelaron autos aplastados, letreros caídos y áreas inundadas, pintando un cuadro sombrío de las luchas de la región.

El ataque sísmico continuó, con más de 100 terremotos y réplicas registrados en las últimas 12 horas, con magnitudes de 7,6 a 2,9. La mayoría se concentraron cerca de Noto, en Ishikawa, el epicentro del terremoto más fuerte. Sin embargo, los temblores se sintieron en diferentes partes de Japón, lo que acentuó el impacto generalizado.

Se estaban realizando esfuerzos de evacuación y se instó a más de 97.000 personas a buscar terrenos más elevados en nueve prefecturas a lo largo de la costa occidental. Los residentes, lidiando con el miedo y la incertidumbre, buscaron refugio en oficinas gubernamentales y centros de evacuación, tirados en el suelo y viendo la cobertura de noticias sobre el desastre que se desarrollaba.

A medida que avanzaba la noche, el presidente estadounidense Joe Biden expresó su solidaridad con Japón y ofreció asistencia a las personas afectadas. Los acontecimientos que se desarrollaron señalaron no sólo una lucha física contra las fuerzas sísmicas sino también un reconocimiento diplomático de una humanidad compartida frente a la adversidad.

En medio de esta agitación, el rompecabezas sísmico analizado expertamente por el profesor Anastasios Sextos, ingeniero sísmico, ofreció un rayo de esperanza. La peculiar ubicación del terremoto en alta mar, explicó, redujo potencialmente la exposición de las principales ciudades a sacudidas más fuertes, mitigando el impacto. Habló de la preparación de Japón para terremotos, destacando el papel de liderazgo del país y su excelente sistema de alerta temprana.

La noche se desarrolló como una desgarradora saga de temblores, miedo y resiliencia.

## El terremoto inicial de magnitud 7,6 frente a la costa de Ishikawa

El epicentro de esta convulsión geológica se ubicó en el Mar de Japón, frente a la serena costa de Ishikawa. Con una magnitud de 7,6, este terremoto inicial envió ondas de choque que reverberarían durante la noche, preparando el escenario para una serie de eventos sísmicos que se desarrollarían en una sucesión implacable.

La Agencia Meteorológica de Japón, guardiana de las impredecibles fuerzas de la naturaleza, informó rápidamente sobre la perturbación sísmica poco después de las 4 de la tarde, hora local. Los temblores, originados en las profundidades del Mar de Japón, desataron su energía con una potencia que no se había visto en Ishikawa durante más de cuatro décadas.

La importancia de este terremoto inicial no residió sólo en su impacto inmediato sino en el siniestro presagio de una noche cargada de incertidumbre. Las advertencias de tsunami, similares a las llamadas urgentes de un centinela, aparecían en las pantallas, instando a los residentes a evacuar las zonas costeras en previsión de posibles olas colosales. El espectro del devastador terremoto y tsunami de Tohoku de 2011 permaneció en la memoria colectiva, añadiendo una capa adicional de temor al drama que se estaba desarrollando.

La prefectura de Ishikawa, acostumbrada a las ondas sísmicas de su historia, se encontró en el epicentro de la atención. El terremoto de magnitud 7,6, un poderoso estremecimiento bajo la superficie de la

Tierra, fue un crudo recordatorio de la vulnerabilidad de la región a la danza caprichosa de las placas tectónicas.

## Impacto en los edificios, la infraestructura y la vida diaria

El ataque sísmico que se desarrolló frente a la costa de Ishikawa el primer día de 2024 dejó una huella imborrable en los edificios, las infraestructuras y la vida cotidiana de quienes residen en las regiones afectadas. A medida que "Rising Waves" profundiza en las consecuencias, emerge un tapiz de destrucción y resiliencia, que pinta una imagen vívida del impacto sísmico.

La fuerza de los terremotos causó estragos en las estructuras, dejando a su paso un rastro de edificios derrumbados. Los informes del equipo de gestión de crisis en Ishikawa revelaron la sombría realidad: edificios reducidos a escombros y su integridad estructural comprometida por los incesantes temblores. Trágicamente, se perdieron vidas cuando un hombre sucumbió al derrumbe de un edificio en la ciudad de Shika. Las imágenes capturadas después mostraron la fragilidad del entorno construido frente a la furia de la naturaleza.

Las carreteras, autopistas y otras infraestructuras vitales fueron las más afectadas por el ataque sísmico. Una carretera en el oeste de Japón quedó intransitable debido a deslizamientos de tierra y derrumbes de carreteras, lo que interrumpió el flujo normal de transporte.

El aeropuerto de Noto, un salvavidas crucial para la región, canceló todos los vuelos, lo que subraya el impacto inmediato en los servicios esenciales. Las grietas en las pistas de los aeropuertos y la cancelación de viajes aéreos subrayaron aún más la vulnerabilidad de la infraestructura crítica.

Para los residentes de Ishikawa y las prefecturas vecinas, la vida cotidiana se transformó en una danza surrealista entre el miedo y la resiliencia. Las órdenes de evacuación alteraron las rutinas y se instó a más de 97.000 personas a buscar refugio en terrenos más elevados. Los abarrotados centros de evacuación y las oficinas gubernamentales se convirtieron en refugios improvisados, con personas tendidas en el suelo, observando ansiosamente la cobertura noticiosa del desastre que se desarrollaba. La búsqueda de artículos de primera necesidad se transformó en un desafío, y las multitudes acudieron en masa a las tiendas, creando una escena caótica mientras buscaban agua, pan y arroz en medio de las réplicas.

El impacto sísmico se extendió más allá del ámbito físico y se filtró en el tejido emocional y psicológico de la vida diaria. La constante amenaza de réplicas y la inminente incertidumbre sobre el futuro ensombrecen la resiliencia de las comunidades. Sin embargo, en medio del caos, surgieron atisbos de solidaridad. El presidente de Estados Unidos, Joe Biden, extendió una mano de apoyo, enfatizando el profundo vínculo de amistad entre las naciones en tiempos de crisis.

## La trágica pérdida de vidas

En medio del caos sísmico que se desarrolló frente a la costa de Ishikawa, el costo humano se convirtió en un punto focal conmovedor: un capítulo desgarrador en la narrativa que se desarrolla en "Rising Waves". Las cuatro víctimas registradas son trágicos recordatorios de la fragilidad de la vida frente a las implacables fuerzas de la naturaleza.

El equipo de gestión de crisis en Ishikawa confirmó la devastadora noticia: cuatro vidas perdidas a raíz de los terremotos. Entre ellos se encontraba un anciano de la ciudad de Shika, declarado muerto después del derrumbe de un edificio, un claro ejemplo de las consecuencias inmediatas y catastróficas de los temblores sísmicos.

El terremoto de magnitud 7,6, con epicentro en el Mar de Japón, provocó ondas de choque que resonaron en toda la región, cobrando vidas y dejando familias destrozadas a su paso. El saldo de la tragedia fue más allá de las meras estadísticas; se convirtió en un sombrío reflejo del costo humano de la vida en una zona sísmicamente activa.

Mientras "Rising Waves" rinde homenaje a las cuatro víctimas reportadas, no lo hace sólo en reconocimiento de su desaparición prematura sino como testimonio de la vulnerabilidad de las comunidades que enfrentan las fuerzas impredecibles de la naturaleza. Cada vida perdida se convierte en un recordatorio conmovedor del profundo impacto de los eventos sísmicos, instando a los lectores a empatizar con el dolor y la angustia que experimentan aquellos directamente afectados por los terremotos. La trágica pérdida de vidas, grabada en la narrativa, sirve como telón de fondo solemne contra el cual se puede apreciar plenamente la resiliencia y la fuerza del espíritu humano frente a la adversidad.

# Capítulo 3:

## El lado humano

## Historias personales de los afectados

A medida que se desarrolla "Rising Waves", teje un tapiz de historias personales: narrativas íntimas que humanizan el caos sísmico que azotó a Ishikawa. Estas historias, extraídas de las experiencias de aquellos directamente afectados por los terremotos, ofrecen un vistazo a las emociones crudas, la resiliencia y la humanidad compartida que surgieron frente a la adversidad.

### Se acerca la evacuación de Daikai

En la bulliciosa escuela primaria de Kanazawa, Ayako Daikai se encontró rodeada de lo desconocido: aulas, escaleras, pasillos y el gimnasio lleno de gente que buscaba refugio. Al evacuar con su esposo e hijos poco después del terremoto, Ayako, madre de dos hijos, reveló la agitación emocional de la incertidumbre. "También experimenté el gran terremoto de Hanshin, así que pensé que sería más seguro evacuar", compartió. La decisión de abandonar el hogar y el cronograma indeterminado para el regreso se volvieron emblemáticos de las decisiones tomadas por las familias que navegaban en la imprevisibilidad sísmica.

## El santuario en la ciudad de Toyama

En la ciudad de Toyama, un hombre de 70 años, Daniel Smith, estaba entre mil personas reunidas en un santuario, participando en una tradición de Año Nuevo para orar por la buena suerte. La sinfonía sísmica comenzó lentamente y luego escaló hasta convertirse en un violento temblor. "Al principio, la gente estaba atónita y seguían intentando ir al santuario", relata Daniel. El abrupto cambio de la tradición al caos resumió la experiencia desorientadora que enfrentaron las personas atrapadas en medio de la agitación sísmica.

## Relatos de testigos presenciales de los temblores.

En medio del tumulto sísmico que envolvió a Ishikawa ese fatídico día, los relatos de los testigos emergieron como testimonios conmovedores de la fuerza cruda e implacable de los temblores. "Rising Waves" captura estas experiencias de primera mano, brindando a los lectores una conexión visceral con la inmediatez y la intensidad de los eventos sísmicos.

Daniel Smith, un hombre de 70 años, se encontró entre mil personas en el santuario Hie Jinja en la ciudad de Toyama. Cuando comenzaron los temblores iniciales, recordó el desarrollo surrealista de los acontecimientos. "El primer temblor comenzó muy lentamente y todo el mundo lo dejó de lado... Y luego fue simplemente una sacudida violenta, quiero decir una sacudida violenta", relató. La transición de la anticipación al repentino e intenso temblor se convirtió en una vívida instantánea de la naturaleza desorientadora del levantamiento sísmico. La urgencia en su voz mientras describía la violencia del temblor añadió una dimensión personal y emocional al caos que se estaba desarrollando.

Un vídeo captó el momento en que las ondas sísmicas alcanzaron un templo en Kanazawa. Decenas de personas, reunidas para orar por la buena suerte como parte de la tradición de Año Nuevo, se convirtieron involuntariamente en participantes del drama sísmico. La documentación visual de la respuesta del templo al temblor (balanceo y vibración desafiando su sólida estructura) ofreció una representación visceral de las fuerzas sísmicas en juego.

## Los esfuerzos de rescate y los desafíos que enfrentan los servicios de emergencia

La respuesta a los eventos sísmicos se convierte en un testimonio de la resiliencia y dedicación de quienes están en primera línea, navegando por un paisaje transformado por la destrucción.

Los bomberos, vestidos con su equipo de protección, se vieron arrojados a una vorágine de edificios derrumbados. Los informes indicaron que al menos 30 estructuras sucumbieron a las fuerzas sísmicas en Ishikawa. Los desafíos fueron inmediatos y terribles: los esfuerzos de rescate se centraron en localizar y sacar a las personas atrapadas bajo los escombros. La urgencia de la situación quedó subrayada por la trágica pérdida de vidas: un anciano declarado muerto tras el derrumbe de un edificio en la ciudad de Shika.

Fotografías aéreas revelaron la magnitud de un enorme incendio provocado por los terremotos en la ciudad de Ishikawa. Las llamas abrasadoras envolvieron varios edificios, creando un desafío desalentador para los bomberos que intentaban contener el incendio. El humo salía del área afectada, añadiendo una capa de complejidad a los ya arduos esfuerzos de rescate y extinción de incendios.

El terremoto provocó deslizamientos de tierra y derrumbes de carreteras, dejando intransitable una parte de la Ruta Nacional 249. Los servicios de emergencia se encontraron no sólo con estructuras colapsadas sino también con rutas de transporte interrumpidas. Los desafíos se extendieron más allá de las áreas urbanas, destacando la naturaleza diversa y multifacética de las operaciones de rescate.

## El costo emocional para los residentes y la nación

Los eventos sísmicos, si bien dejan cicatrices físicas en el paisaje, también dejan profundas huellas emocionales en los corazones y las mentes de los directamente afectados y en la conciencia colectiva de Japón.

Miedo e incertidumbre:
Para los residentes de Ishikawa, el miedo y la incertidumbre se convirtieron en compañeros no deseados después del levantamiento sísmico. Las implacables

réplicas, sumadas a la inminente amenaza de tsunamis, ensombrecen la vida cotidiana. Las órdenes de evacuación alteraron las rutinas y la ansiedad palpable permaneció en el aire mientras las comunidades buscaban refugio en oficinas gubernamentales y centros de evacuación. El costo emocional no se limitó a la destrucción física, sino que impregnó el tejido de la existencia cotidiana.

Dolor y pérdida:

La trágica pérdida de vidas (cuatro víctimas reportadas) se convirtió en un acorde sombrío en la sinfonía emocional que se desarrolló. Las familias enfrentaron la angustia de despedirse de sus seres queridos y las comunidades lidiaron con el dolor colectivo que acompaña a tales tragedias. El costo emocional se extendió más allá del círculo inmediato de los directamente afectados y resonó en una nación que empatizó con la profunda pérdida experimentada por individuos y comunidades.

Solidaridad y Resiliencia:
En medio de la turbulencia emocional, "Rising Waves" captura destellos de solidaridad y resiliencia. Los evacuados en oficinas gubernamentales y escuelas encontraron consuelo en experiencias colectivas, apoyándose unos en otros. El tejido emocional de la nación también estaba tejido con hilos de empatía y humanidad compartida. La expresión de solidaridad del presidente estadounidense Joe Biden reforzó la interconexión de las

naciones en tiempos de crisis, contribuyendo a una narrativa emocional más amplia de compasión global.

# Capítulo 4:

## Analizando el terremoto

## Perspectivas del profesor Anastasios Sextos, experto en terremotos

Las ideas ofrecidas por el profesor Anastasios Sextos, experto en terremotos, una voz guía en medio del tumulto sísmico que envolvió a Japón. Su experiencia, extraída del ámbito de la ingeniería sísmica de la Universidad de Bristol, se convirtió en un faro de comprensión frente a las complejas fuerzas geológicas en juego.

El profesor Sextos destacó la peculiaridad del terremoto que azotó la costa occidental de Japón, un hecho menos frecuente que los eventos sísmicos en la costa este. Este matiz geográfico jugó un papel crucial en la configuración del impacto de las fuerzas sísmicas. Como el terremoto se produjo en alta mar, la exposición de las principales ciudades a sacudidas más fuertes fue significativamente menor. Esta visión geográfica añadió una capa de comprensión a los acontecimientos que se estaban desarrollando, explicando por qué el terremoto, aunque fuerte, siguió siendo menos devastador que sus homólogos de la costa este.

La distancia de las principales ciudades de Japón, aproximadamente de 200 a 300 millas de distancia, jugó un papel mitigante en el impacto potencial de las fuerzas sísmicas. El profesor Sextos enfatizó que, debido a su ubicación en alta mar, la fuerza del terremoto no se tradujo en una destrucción generalizada en áreas densamente pobladas. Esta idea ofreció un rayo de esperanza en medio del caos, sugiriendo que las consecuencias de los terremotos podrían gestionarse en un período de tiempo razonablemente corto.

El experto en sísmica elogió a Japón por su papel de liderazgo en la preparación para terremotos. Reconoció las medidas proactivas del país y su "excelente" sistema de alerta temprana, un componente crucial para salvaguardar vidas civiles. El reconocimiento de la preparación de Japón se convirtió en un testimonio del compromiso de la nación para mitigar el impacto de los eventos sísmicos a través de mecanismos avanzados de alerta y respuesta.

## ¿Por qué las bajas fueron relativamente bajas?

La intrigante pregunta de por qué las víctimas, a pesar de la formidable magnitud de los terremotos, siguieron siendo relativamente bajas. El profesor Anastasios Sextos, experto en terremotos de la Universidad de Bristol, arroja luz sobre los factores que contribuyeron a este resultado inesperado.

La ubicación del terremoto en la costa oeste frente al Mar de Japón jugó un papel fundamental en la reducción del impacto potencial en las principales ciudades. El profesor Sextos explicó que los terremotos que azotan la costa oeste, a diferencia de sus homólogos más frecuentes en la costa este, son menos comunes. Esta rareza geográfica, junto con el epicentro marino, significó que las principales ciudades no estuvieran tan expuestas a todo el peso de las fuerzas sísmicas. La distancia de alrededor de 200 a 300 millas de las áreas densamente pobladas contribuyó significativamente a la menor intensidad del temblor experimentado en los centros urbanos.

La ocurrencia del terremoto en alta mar redujo la exposición de las principales ciudades a fuertes sacudidas. Si bien el terremoto fue de gran magnitud, el hecho de que se originara en alta mar significó que la intensidad del temblor disminuyó a medida que se alejaba hasta las regiones pobladas. Esta zona de amortiguamiento geográfica actuó como factor mitigante, limitando los daños estructurales a edificios e infraestructuras.

El profesor Sextos elogió a Japón por su preparación para terremotos y lo describió como un país que está "liderando el camino" en preparación. La implementación de un "excelente" sistema de alerta temprana jugó un papel crucial para minimizar las víctimas. Los mecanismos de alerta avanzada permitieron una evacuación rápida y una mayor preparación, garantizando que los residentes pudieran buscar seguridad antes de que las fuerzas sísmicas alcanzaran niveles críticos.

### Analizando la actividad sísmica y su distancia de las principales ciudades.

Los eventos sísmicos centrados en el Mar de Japón, frente a la costa occidental de Japón, marcaron una desviación de los terremotos más comunes a lo largo de la costa este. Este matiz geográfico jugó un papel fundamental en la configuración de la narrativa sísmica. El epicentro marino introdujo un nivel de complejidad, ya que las fuerzas sísmicas emanaron del mar y afectaron las regiones circundantes, incluida Ishikawa.

Uno de los factores clave que contribuyeron al número relativamente bajo de víctimas fue la considerable distancia entre el epicentro sísmico y las principales ciudades. Los terremotos, con epicentro a unas 200 o 300 millas de distancia, hicieron que la intensidad del temblor disminuyera a medida que avanzaba la distancia. Esta zona de amortiguamiento geográfica actuó como un factor mitigante natural, impidiendo que las fuerzas sísmicas llegaran con toda intensidad a los centros urbanos densamente poblados.

El concepto de exposición reducida a fuertes sacudidas surgió como un tema central para comprender el impacto en las principales ciudades. Dado el origen marino de los fenómenos sísmicos, las principales ciudades quedaron protegidas de toda la fuerza de los terremotos. Esta exposición reducida jugó un papel crucial en la prevención de una devastación generalizada, permitiendo una respuesta más controlada y manejable.

El análisis sísmico de "Rising Waves" integra los conocimientos del profesor Anastasios Sextos, experto en terremotos. Sus explicaciones de la dinámica sísmica, incluida la ocurrencia menos frecuente de terremotos en la costa oeste y las características geológicas específicas de la región, contribuyen a una comprensión holística de la actividad sísmica.

## Sistemas de preparación para terremotos y alerta temprana de Japón

Las medidas proactivas y las estrategias integrales del país lo han posicionado como líder mundial en la mitigación del impacto de eventos sísmicos. Este reconocimiento subraya el compromiso de Japón de salvaguardar a su población mediante avances continuos en la preparación para terremotos.

Una piedra angular de la preparación de Japón ante terremotos es su "excelente" sistema de alerta temprana. Este sistema resultó fundamental para proporcionar alertas oportunas a los residentes, permitiéndoles tomar medidas inmediatas para garantizar su seguridad. La eficiencia del sistema de alerta temprana se convirtió en un componente crítico para evitar posibles víctimas y reducir la vulnerabilidad de las comunidades en las regiones afectadas.

Cuando las advertencias aparecieron en las pantallas de televisión, se recomendó a los residentes de áreas específicas de la costa que evacuaran sus hogares de inmediato. Esta rápida respuesta, guiada por las señales de alerta temprana, permitió a personas y comunidades afrontar los desafíos sísmicos con un nivel de preparación que es testimonio del compromiso de Japón de proteger a sus ciudadanos.

El reconocimiento de la preparación del Japón para terremotos se extiende más allá de las fronteras nacionales. El presidente estadounidense Joe Biden, al expresar solidaridad, destacó el profundo vínculo de amistad entre Estados Unidos y Japón y subrayó la resiliencia de Japón ante los eventos sísmicos. Este reconocimiento global refuerza la importancia de las medidas de preparación de Japón a escala internacional.

# Capítulo 5:

## Incendios y deslizamientos de tierra

## El riesgo de incendios y deslizamientos de tierra tras los terremotos

Las fotografías aéreas capturaron la magnitud de un incendio masivo provocado por los eventos sísmicos en la ciudad de Ishikawa. Las llamas, imponentes e implacables, agregaron una capa de complejidad al ya desafiante paisaje. Los bomberos se encontraron no sólo teniendo que lidiar con edificios derrumbados, sino también luchando para contener el infierno que amenazaba con consumir varias estructuras. Las abrasadoras llamas se convirtieron en una manifestación visual del mayor riesgo de incendios provocados por los terremotos.

La agitación sísmica, con su poder para derrumbar edificios y alterar la infraestructura, amplificó los riesgos de incendios. La caída de escombros, los daños estructurales y la interrupción de los servicios públicos crearon un entorno volátil propicio para el estallido y la rápida propagación de incendios. "Rising Waves" captura la urgencia con la que los servicios de emergencia respondieron al doble desafío de las estructuras colapsadas y la amenaza inminente de incendios masivos, creando un retrato vívido de los peligros entrelazados que enfrentan las comunidades.

Las fuerzas sísmicas provocaron deslizamientos de tierra y derrumbes de carreteras, lo que agrava aún más los riesgos ambientales. La Ruta Nacional 249, una arteria crítica para el transporte, quedó intransitable debido a un deslizamiento de tierra y el colapso de la carretera. Las rutas de transporte interrumpidas no sólo obstaculizaron las operaciones de rescate sino que también aumentaron la vulnerabilidad de las comunidades a los desafíos planteados por los terremotos.

## La magnitud de los daños causados por los incendios, especialmente en la ciudad de Wajima

La magnitud de los daños se convierte en un reflejo sombrío de los desafíos que enfrenta la comunidad tras el levantamiento sísmico.

La ciudad de Wajima, que alguna vez fue un bullicioso centro urbano, fue testigo de una profunda transformación cuando los incendios arrasaron sus calles. Las implacables llamas, alimentadas por la perturbación sísmica, convirtieron paisajes familiares en escenas de devastación. La narrativa captura el impacto visceral de los incendios que consumieron edificios e infraestructura, dejando tras de sí un paisaje urbano alterado para siempre.

Los incendios, actuando en conjunto con las fuerzas sísmicas, contribuyeron al colapso de edificios y estructuras. Los restos de lo que alguna vez fue un entorno urbano próspero ahora mostraban las cicatrices de la destrucción. La narrativa de "Rising Waves" pinta un cuadro vívido del colapso estructural, detallando el impacto en los espacios residenciales y comerciales, creando un cuadro inquietante de cicatrices urbanas.

La urgente batalla contra el infierno se convirtió en un capítulo decisivo en la narrativa posterior al terremoto de la ciudad de Wajima. Los bomberos, frente a un entorno dinámico e impredecible, lucharon contra la ferocidad de las llamas. La descripción revela los desafíos que enfrentaron los servicios de emergencia mientras navegaban entre el humo y las brasas, esforzándose por contener el incendio y evitar una mayor escalada del desastre.

A medida que los incendios arrasaban, las comunidades se enfrentaban al desplazamiento, añadiendo otra capa de complejidad a las consecuencias. Las órdenes de evacuación perturbaron la vida cotidiana y la resiliencia de la comunidad se convirtió en un tema conmovedor. "Rising Waves" explora el desplazamiento de los residentes y la fuerza colectiva exhibida por la comunidad mientras buscaban refugio en zonas seguras, forjando vínculos en medio de la experiencia compartida de pérdida y desplazamiento.

A medida que la narración revela la magnitud de los daños causados por los incendios, especialmente en la ciudad de Wajima, se convierte en un testimonio de la resiliencia de una comunidad que se enfrenta al doble desafío de las fuerzas sísmicas y las implacables llamas. La reconstrucción de la ciudad de Wajima se convierte en un símbolo de esperanza en medio de las cenizas, ilustrando el espíritu indomable que emerge después de una profunda adversidad.

# Capítulo 6:

## Amenaza de tsunami

## Alertas iniciales de tsunami y su degradación a avisos

Esta interacción dinámica entre las alertas de precaución y los avisos medidos se convirtió en un elemento fundamental en la configuración de la respuesta a los eventos sísmicos.

Mientras los temblores sísmicos resonaban en el Mar de Japón frente a la costa de Ishikawa, la Agencia Meteorológica de Japón emitió advertencias iniciales de tsunami. Estas advertencias, con su lenguaje que induce a la gravedad, instaron a los residentes a lo largo de la costa a evacuar de inmediato. Las líneas de advertencia de color amarillo intenso en las pantallas de televisión se convirtieron en una representación visual de la amenaza potencial, señalando una coyuntura crítica que exigía una acción rápida.

Las advertencias, indicativas de un riesgo de olas de 3 metros o más, crearon una atmósfera de urgencia. La narrativa captura la mayor percepción del riesgo y los posteriores esfuerzos de evacuación que se desarrollaron a la sombra de la inminente amenaza de tsunami. Los residentes, guiados por las advertencias, buscaron refugio en centros de evacuación designados, sorteando el delicado equilibrio entre la preparación y el miedo palpable de un desastre inminente.

Sin embargo, la narrativa sísmica dio un giro inesperado cuando la Agencia

Meteorológica de Japón rebajó las advertencias iniciales de tsunami a avisos. Esto marcó un cambio en el nivel de amenaza percibido, y la narrativa dentro de "Rising Waves" despliega los matices de esta degradación. Los avisos, si bien indicaban un riesgo potencial de olas de hasta 1 m, tenían un tono diferente, lo que permitió una respuesta mesurada por parte de los residentes y los servicios de emergencia.

La narrativa navega a través de las olas de incertidumbre, explorando el impacto psicológico de la evolución de las alertas en las comunidades. La degradación de las advertencias introduce una capa de complejidad a medida que los residentes enfrentan el doble desafío de las réplicas sísmicas y la fluidez de las evaluaciones del riesgo de tsunami. "Rising Waves" captura el delicado equilibrio entre la preparación y la necesidad de adaptarse al cambiante panorama de la información.

A medida que se desarrolla la historia sísmica, las alertas iniciales de tsunami y su posterior degradación a avisos se convierten en un reflejo conmovedor de la fluidez inherente a la respuesta a los desastres.

## Zonas afectadas y riesgos potenciales

El epicentro sísmico, ubicado en el Mar de Japón frente a la costa de Ishikawa, se convierte en el punto focal de la narrativa. Las áreas afectadas, incluidas Ishikawa y las prefecturas cercanas, quedan bajo el microscopio a medida que "Rising Waves" revela los matices geográficos. La extensa costa, alguna vez serena, ahora muestra las cicatrices de la agitación sísmica, creando un paisaje visual que subraya la magnitud del desastre.

La narrativa profundiza en los riesgos potenciales que surgen como consecuencia de eventos sísmicos. Los incendios, como se documentó anteriormente, se convierten en un adversario formidable, que consume estructuras y agrega complejidad a los ya desafiantes esfuerzos de recuperación. El mayor riesgo de deslizamientos de tierra, colapsos de carreteras y la interrupción de arterias de transporte críticas amplifica los desafíos que enfrentan los servicios de emergencia y las comunidades.

Los riesgos potenciales se extienden al desplazamiento de residentes, captados mediante órdenes de evacuación y el establecimiento de zonas seguras. La narrativa de "Rising Waves" explora cómo las comunidades enfrentan el doble desafío de las fuerzas sísmicas y los riesgos asociados con el desplazamiento. El establecimiento de zonas de evacuación se convierte en una respuesta estratégica a la fluidez de la situación, proporcionando una lente a través de la cual los lectores pueden comprender las complejidades de garantizar la seguridad de las poblaciones afectadas.

Más allá de los riesgos físicos, "Rising Waves" revela el costo psicológico y la incertidumbre que prevalecen en las zonas afectadas. Las alertas en constante cambio, desde las advertencias iniciales de tsunami hasta los avisos, contribuyen a una sensación de imprevisibilidad. La narrativa captura el paisaje emocional de los residentes que navegan por las olas de incertidumbre, enfatizando la importancia de la resiliencia en medio de la fluidez de la respuesta a los desastres.

# Capítulo 7:

## Respuesta Nacional y Apoyo Internacional

A raíz de los acontecimientos sísmicos, el presidente Joe Biden expresó su solidaridad con Japón, enfatizando el profundo vínculo de amistad que une a Estados Unidos y Japón. Su declaración, entretejida en la narrativa, subraya la interconexión global frente a los desastres naturales. El reconocimiento de las dificultades compartidas se convierte en un testimonio de los lazos diplomáticos y el apoyo mutuo entre las naciones.

"Como aliados cercanos, Estados Unidos y Japón comparten un profundo vínculo de amistad que une a nuestro pueblo. Nuestros pensamientos están con el pueblo japonés durante este momento difícil". - Presidente Joe Biden

Las palabras del presidente Biden no sólo amplían la empatía sino que también reconocen la resiliencia de Japón ante los acontecimientos sísmicos. El reconocimiento global se convierte en una piedra angular para comprender la respuesta colectiva a los desastres naturales, trascendiendo fronteras y enfatizando la importancia de las relaciones diplomáticas en tiempos de crisis.

La narrativa de "Rising Waves" resume la garantía de apoyo y asistencia del presidente Biden. Estados Unidos, como aliado cercano, se declara dispuesto a brindar ayuda a los afectados por los terremotos. Este compromiso diplomático añade una capa de esperanza a la narrativa, mostrando los esfuerzos de colaboración entre naciones en tiempos de adversidad.

"Como aliados cercanos, Estados Unidos y Japón comparten un profundo vínculo de amistad que une a nuestro pueblo. Nuestros pensamientos están con el pueblo japonés durante este momento difícil. Estados Unidos está listo para brindar asistencia a los afectados". - Presidente Joe Biden

## La colaboración entre Japón y aliados internacionales para el apoyo.

A raíz de los temblores sísmicos que resonaron en Ishikawa, Japón, surgió un profundo testimonio de la unidad humana cuando naciones de todos los rincones del mundo se unieron para ofrecer apoyo.

"Rising Waves" teje intrincadamente una narrativa de colaboración, convirtiendo la tragedia en una sinfonía de responsabilidad compartida y resiliencia global.

A medida que se calmaron las ondas de choque iniciales, Japón se encontró ante la monumental tarea de reconstruir comunidades destrozadas. Sin embargo, no estaba solo en este esfuerzo. La comunidad internacional, unida por un compromiso compartido con la humanidad, respondió con un apoyo inquebrantable.

Los lazos y alianzas diplomáticas se convirtieron en los hilos que tejieron esta narrativa. Japón se acercó a sus aliados y la respuesta fue rápida y encarnó la interconexión de las naciones en tiempos de crisis. Las Naciones Unidas, que sirven como conducto para la colaboración global, desempeñaron un papel fundamental en la coordinación de los esfuerzos de ayuda.

Desde las bulliciosas ciudades de América del Norte hasta los paisajes históricos de Europa, el gran apoyo fue palpable. La ayuda humanitaria, la experiencia médica y los suministros esenciales se convirtieron en moneda de cambio de la compasión, trascendiendo las fronteras geográficas para proporcionar un salvavidas a las comunidades afectadas.

Las declaraciones de apoyo resonaron a nivel mundial, y figuras políticas expresaron no sólo solidaridad sino un compromiso genuino de estar al lado de Japón. Las palabras del presidente Joe Biden: "Nuestros pensamientos están con el pueblo japonés durante este momento difícil", se convirtieron en un faro de seguridad y un testimonio de los vínculos duraderos entre las naciones.

# Capítulo 8:

## Pensando en el futuro

tEl potencial para futuros terremotos.

A medida que se disipan los temblores sísmicos que sacudieron Ishikawa, surge el espectro de la incertidumbre: ¿qué le depara el futuro a una región marcada por los recientes terremotos? "Rising Waves" analiza más de cerca el potencial de actividad sísmica futura, explorando el delicado equilibrio entre la anticipación y las fuerzas impredecibles que dan forma a la corteza terrestre.

Un experto en terremotos, el profesor Anastasios Sextos, surge como guía a través del intrincado panorama de las evaluaciones sísmicas. Tras los recientes acontecimientos, sus conocimientos ofrecen una idea de los factores que podrían influir en la futura actividad sísmica. La narrativa navega a través de las complejidades científicas, pintando un cuadro de las fuerzas invisibles que se encuentran debajo de la superficie.

El paisaje sísmico, a menudo caracterizado por la imprevisibilidad, se examina a través de la lente del contexto histórico. "Rising Waves" profundiza en la historia de los terremotos en Japón, destacando patrones y precedentes que podrían servir como marcadores para el futuro. Se convierte en un viaje a través del tiempo, desentrañando los hilos que conectan los eventos sísmicos pasados con el presente y, potencialmente, con el futuro.

Los terremotos recientes, incluido el de mayo de 2023, se convierten en marcadores clave en esta evaluación. La narración se detiene para reflexionar sobre el terremoto de mayo, estableciendo paralelismos y distinciones que ofrecen información valiosa sobre el comportamiento sísmico de la región. Es una exploración matizada que va más allá del análisis estadístico y captura la esencia de las fuerzas dinámicas de la Tierra.

El potencial de futuros terremotos, afirma "Rising Waves", reside en la intersección de la ciencia y la preparación. La narrativa se convierte en un llamado a la acción, enfatizando la importancia de comprender los riesgos, fortalecer las estructuras y, lo más importante, fomentar una preparación en toda la comunidad que trascienda las preocupaciones individuales.

A medida que se desarrolla la historia, el potencial de futuros terremotos se convierte en un capítulo crítico en la narrativa actual de la resiliencia de Ishikawa. No es sólo una investigación científica; es un llamado a las comunidades a estar alerta, a mantenerse unidas frente a la incertidumbre y a navegar las corrientes invisibles con un espíritu colectivo que ha capeado las crecientes olas de desafíos sísmicos.

## Esfuerzos en curso en preparación para desastres y mejoras de infraestructura

A raíz de la agitación sísmica, Ishikawa se encuentra en una encrucijada, enfrentando no sólo las consecuencias de los recientes terremotos sino también los desafíos invisibles que le esperan. "Rising Waves" cambia el enfoque hacia los esfuerzos en curso en preparación para desastres y mejoras de infraestructura, donde las comunidades y autoridades se unen para fortalecerse contra las fuerzas impredecibles que dan forma a su destino.

La narrativa se desarrolla después de los recientes eventos sísmicos, donde un paisaje marcado por la destrucción se convierte en un lienzo para la reconstrucción. La lente ahora se centra en las medidas proactivas que se están tomando para desarrollar la resiliencia. Es una historia de comunidades que se niegan a dejarse definir por los desafíos del pasado y, en cambio, aprovechan las lecciones aprendidas para forjar un mañana más seguro.

Un elemento central de esta narrativa es la resiliencia del espíritu humano. Las comunidades locales, alguna vez sacudidas hasta lo más profundo, ahora emergen como arquitectas del cambio. "Rising Waves" captura los esfuerzos de base, donde los individuos y los vecindarios se convierten en la primera línea de defensa en la preparación para desastres. Los simulacros de evacuación, los programas de concientización comunitaria y el establecimiento de equipos de respuesta locales se convierten en los pilares de la resiliencia.

Paralelamente a estas iniciativas de base, la narrativa explora el papel de la tecnología en la preparación para desastres. Desde sistemas avanzados de alerta temprana hasta mejoras de infraestructura de última generación, Ishikawa está adoptando la innovación como escudo contra lo invisible. La historia se desarrolla como un viaje hacia el futuro, donde la ciencia y la tecnología se convierten en aliados en la búsqueda de un mañana más seguro.

La colaboración entre las autoridades locales y los socios internacionales se convierte en una fuerza impulsora en esta narrativa en curso. "Rising Waves" navega a través de los esfuerzos conjuntos en mejoras de infraestructura, mostrando cómo se están canalizando la experiencia y los recursos globales para reforzar la resiliencia de la región. Se convierte en una historia de colaboración, donde las naciones se unen no solo en respuesta a las crisis sino en un compromiso compartido para configurar un mundo más seguro y resiliente.

A medida que se desarrollan los esfuerzos en curso en materia de preparación para desastres y mejoras de infraestructura, "Rising Waves" se convierte en una crónica de esperanza. No es sólo una historia de superación de desafíos, sino una celebración de una comunidad que, frente a la incertidumbre, está dando forma activamente a su destino. Las olas de resiliencia, que alguna vez surgieron en respuesta al caos sísmico, ahora se convierten en la fuerza que impulsa a Ishikawa hacia un futuro fortalecido contra lo desconocido.

## ElRole deCooperación global enAbordar los desafíos sísmicos

Después de la agitación sísmica, Ishikawa se encontró no sólo reconstruyendo físicamente sino también forjando vínculos que trascienden fronteras. "Rising Waves" ahora dirige su mirada al papel fundamental de la cooperación global para abordar los desafíos sísmicos, desentrañando una narrativa donde las naciones se unen en una sinfonía de apoyo y responsabilidad compartida.

La narrativa se desarrolla como testimonio de la interconexión de las naciones frente a los desastres naturales. A raíz de los terremotos, la comunidad mundial respondió con un gran apoyo. No fue simplemente un intercambio de recursos; fue una demostración de una responsabilidad compartida para ayudar a los afectados por el caos sísmico.

Las Naciones Unidas, que actúan como eje de la cooperación internacional, desempeñaron un papel central en la orquestación del apoyo. La ayuda humanitaria, la experiencia médica y el conocimiento tecnológico se convirtieron en herramientas de colaboración, enfatizando que los desafíos que plantean los eventos sísmicos son desafíos para toda la humanidad.

A medida que "Rising Waves" navega a través de la respuesta global, destaca los lazos y alianzas diplomáticas que se convirtieron en la columna vertebral de este esfuerzo de colaboración. Japón, al acercarse a sus aliados internacionales, no sólo recibió un apoyo tangible sino que también solidificó los vínculos que definen la cooperación global en tiempos de crisis.

La narrativa profundiza en los aspectos prácticos de la colaboración y muestra cómo las naciones agruparon sus recursos para un bien mayor. Es una historia de solidaridad que se extiende más allá de la retórica política: una colaboración donde las acciones hablaron más que las palabras.

Los esfuerzos en curso en preparación para desastres y mejoras de infraestructura se convierten en un esfuerzo compartido, donde la experiencia global se fusiona con la resiliencia local. "Rising Waves" se convierte en un viaje a través del corazón de la cooperación, enfatizando que abordar los desafíos sísmicos requiere un esfuerzo colectivo que abarque continentes.

A medida que se desarrolla la historia, el papel de la cooperación global se convierte no solo en una respuesta a una crisis, sino en un hilo narrativo que teje el tejido de un mundo más resiliente. Es un recordatorio de que los desafíos sísmicos, como las crecientes olas que alguna vez sacudieron Ishikawa, pueden superarse con fuerza, unidad y el compromiso inquebrantable de una comunidad global unida por el objetivo compartido de superar las formidables pruebas de la naturaleza.

# Conclusión

A medida que los ecos de los temblores sísmicos se desvanecen y se desarrolla el proceso de reconstrucción, "Rising Waves" concluye con una reflexión sobre los acontecimientos que se desarrollaron en Ishikawa, Japón, y las implicaciones más amplias que trascienden las consecuencias inmediatas. No es sólo una conclusión, sino un llamado a la unidad, un testimonio de resiliencia y un estímulo para una concientización y preparación continuas.

La narración se toma un momento para mirar hacia atrás, no sólo a la destrucción provocada por los terremotos sino al espíritu indomable de las comunidades que se levantan de los escombros. Ishikawa se convierte en un símbolo: un símbolo de fuerza, de colaboración y del espíritu humano perdurable que se niega a ser definido por la catástrofe.

Al reflexionar sobre las implicaciones más amplias, "Rising Waves" enfatiza la necesidad de una perspectiva global sobre los desafíos sísmicos. No es un problema localizado; es una preocupación compartida que trasciende las fronteras. Los esfuerzos de colaboración entre naciones subrayan que los desafíos que plantea la naturaleza son desafíos para la humanidad en su conjunto.

Al expresar solidaridad con el pueblo de Japón, la narrativa se convierte en un reconocimiento sincero de la resiliencia demostrada por individuos, familias y comunidades. Es un reconocimiento del dolor soportado, las vidas perdidas y la fuerza que surge de la voluntad colectiva de reconstruir.

En los capítulos finales, "Rising Waves" se transforma en un faro de aliento. Fomenta la concientización continua: concientización no sólo de las posibles amenazas sísmicas sino de la responsabilidad colectiva de estar preparados. La narrativa se convierte en un grito de guerra para que las comunidades de todo el mundo presten atención a las lecciones aprendidas de Ishikawa, se fortalezcan contra lo impredecible y fomenten una cultura de resiliencia que se extienda más allá de las consecuencias inmediatas del desastre.

A medida que se desarrollan las palabras finales, "Rising Waves" deja a los lectores con una sensación de esperanza, una esperanza basada en la creencia de que, junta, la humanidad puede navegar las incertidumbres del futuro. El libro concluye no solo como una crónica de eventos sísmicos sino como un testimonio del poder duradero de la unidad, la preparación y el compromiso compartido para capear las crecientes olas de desafíos que la naturaleza puede presentar.